Omelio Cepero Rodríguez
Loisy Valero Hernández
Zuleiny Meneses Martin

L'éducation à l'environnement à partir d'approches communautaires

Omelio Cepero Rodríguez
Loisy Valero Hernández
Zuleiny Meneses Martin

L'éducation à l'environnement à partir d'approches communautaires

L'éducation à l'environnement à partir d'approches communautaires

ScienciaScripts

Imprint

Any brand names and product names mentioned in this book are subject to trademark, brand or patent protection and are trademarks or registered trademarks of their respective holders. The use of brand names, product names, common names, trade names, product descriptions etc. even without a particular marking in this work is in no way to be construed to mean that such names may be regarded as unrestricted in respect of trademark and brand protection legislation and could thus be used by anyone.

Cover image: www.ingimage.com

This book is a translation from the original published under ISBN 978-620-3-58737-1.

Publisher:
Sciencia Scripts
is a trademark of
Dodo Books Indian Ocean Ltd., member of the OmniScriptum S.R.L Publishing group
str. A.Russo 15, of. 61, Chisinau-2068, Republic of Moldova Europe
Printed at: see last page
ISBN: 978-620-3-68494-0

TITRE : L'éducation à l'environnement à partir d'approches communautaires

Auteurs

Omelio Cepero Rodriguez Loisy Valero Hernandez Zuleiny Meneses Martin

VUE D'ENSEMBLE :

L'un des objectifs fondamentaux de l'éducation environnementale est de permettre aux individus et aux communautés de comprendre la nature complexe de l'environnement et d'acquérir les connaissances, les valeurs et les compétences pratiques nécessaires pour participer de manière responsable et efficace à la prévention et à la résolution des problèmes environnementaux et à la gestion de la qualité de l'environnement.

L'éducation à l'environnement est essentielle pour comprendre les relations existantes entre les systèmes naturels et sociaux, ainsi que pour parvenir à une perception plus claire de l'importance des facteurs socioculturels dans la genèse des problèmes environnementaux. Dans cette optique, elle doit promouvoir l'acquisition d'une conscience, de valeurs et de comportements qui favorisent la participation effective de la population au processus décisionnel. L'éducation environnementale ainsi comprise peut et doit être un facteur stratégique qui influence le modèle de développement établi afin de le réorienter vers la durabilité et l'équité. - Rendre les communautés locales responsables et engagées dans les processus de changement et de transformation sociale, en confrontant leurs problèmes, leurs besoins et leurs demandes aux possibilités et aux limites (géographiques, démographiques, infrastructurelles, économiques, technologiques, etc.) de la réalité dont elles font partie, en développant leurs capacités d'initiative et de critique sans renoncer - par principe - aux avantages que la connaissance scientifique et l'innovation technologique peuvent offrir afin de promouvoir un développement toujours plus autonome et durable.

Mots clés : communautés ; éducation environnementale, développement communautaire

INTRODUCTION

L'éducation à l'environnement et la dimension communautaire

Pour l'éducation à l'environnement, comme pour toute autre pratique éducative qui entend s'affirmer en tant que projet social et culturel, le développement communautaire constitue une référence clé (Caride, 1998) : dans ce dernier, l'éducation et l'environnement sont intégrés sans équivoque, en essayant de transférer la confiance en soi, le protagonisme et la capacité d'autogestion aux communautés locales et aux différents groupes sociaux qui les articulent, afin de les transformer en sujets du processus de développement et non en simples objets de celui-ci. En ce sens, elle vise à reconnaître les agrégats de personnes non seulement comme une somme d'individus mais comme une "communauté" inscrite dans un territoire, avec un passé et un avenir "communs", depuis leur vie quotidienne jusqu'à leur intégration progressive dans d'autres communautés et réalités (régionales, nationales, internationales), sans renoncer aux conditions les meilleures et les plus dignes de leur qualité de vie. Comme l'exprimait Unamuno, avant même d'entrevoir l'étape de la mondialisation dans laquelle nous vivons aujourd'hui, "l'être humain devient planétaire lorsqu'il retrouve la maîtrise de soi, l'enracinement dans son territoire immédiat, l'identification de sa nation et de sa culture locale et, enfin, son rôle dans le monde". D'autre part, la convergence entre l'éducation environnementale et le développement communautaire ne peut ignorer que le "communautarisme" a été l'une des sources idéologiques importantes tant pour l'articulation de la pensée environnementaliste que pour la construction de propositions qui soutiennent le développement local (Boockhin, 1978 ; Schumacher, 1978 ; Bosquet, 1979). C'est ce que souligne Dobson (1997 : 171) lorsqu'il affirme "qu'un problème commun de la stratégie de changement de style de vie est que, en fin de compte, elle est séparée de la fin à laquelle elle veut arriver, car il n'est pas évident de savoir comment l'individualisme dans lequel elle est basée deviendra le communautarisme qui est fondamental dans la plupart des descriptions de la société durable". En fait, poursuit l'auteur, "il semblerait plus judicieux de souscrire à des formes d'action politique qui sont déjà communautaires et qui, par conséquent, sont à la fois pratiques et en même temps un avant-goût du but annoncé". De cette façon, le futur s'insère dans le présent et le programme s'avère plus convaincant intellectuellement et plus cohérent pratiquement". Castells (1998 : 141), se prononce en accord avec cette perspective ; pour lui, "la mobilisation des communautés locales en défense de leur espace, contre l'intrusion d'utilisations indésirables, constitue la forme d'action écologique de développement plus rapide et celle qui, peut-être, relie de manière plus directe les préoccupations immédiates des gens avec les sujets plus larges de la détérioration environnementale". En d'autres termes, les réponses locales aux problèmes environnementaux sont des formes expérimentales de réaction communautaire aux défis mondiaux.

L'éducation environnementale devra se nourrir de cette conviction et de sa congruence si elle entend jouer un rôle significatif dans la construction de projets communautaires, sans toutefois tomber dans l'illusionnisme d'une "communauté" idéalisée, pensée comme un espace mythique et utopique, comme nous en avertit Furter (1983), en voyant comment les valeurs de cohésion communautaire - en grande partie latentes dans les sociétés rurales - ont été soumises à des changements profonds et contradictoires : l'expansion de nouveaux modèles productifs, la mixification des référents de l'identité collective par l'impact homogénéisant de la "culture globale", l'augmentation de la perception individualisée de l'existence, la tendance à résoudre les problèmes sociaux dans la sphère de la vie privée, l'augmentation de la mobilité forcée, l'expansion de l'urbanisme, la pénétration des nouvelles technologies de communication et d'information, etc.

De plus, il faut se méfier de la croyance selon laquelle les micro-espaces simplifient les problèmes en réduisant leur dimension. Si "small is beautiful" comme le suggérait Schumacher, cela ne signifie pas que son niveau est moins complexe, plus homogène ou plus consensuel que les autres (Furter, 1983 : 106). En utilisant une métaphore suggérée par Edgar Morín, dans les communautés contemporaines s'expriment comme dans le fragment d'un hologramme tous les problèmes, contradictions et complexités propres au monde globalisé ; même dans ceux qui ne sont pas conscients d'y appartenir. De ce point de vue, comme l'exprime l'ampleur mondiale du changement climatique - pour donner un exemple -, la crise environnementale fait partie du processus de mondialisation. Au-delà de ces arguments, il convient également de noter, dans une perspective historique, l'importance accordée ces dernières décennies à l'intégration souhaitable des processus éducatifs dans la dynamique de chaque réalité sociale, en particulier celles qui sont construites *à partir*, *avec* et *pour les* communautés locales (villes, quartiers, cités).

L'approche de l'Agenda 21 local, issue des recommandations du sommet de Rio de 1992, s'inscrit dans cette tendance. En général, il s'agit de contribuer à créer des conditions de citoyenneté et de bien-être social de plus en plus conformes aux principes qui inspirent le développement harmonieux, intégral et durable de chaque sujet et de chaque collectivité. Pour Calvo et Franquesa (1998), après avoir admis que pendant des années, dans les documents des différentes manifestations internationales sur l'éducation à l'environnement, on a évité, pour des raisons politiques, de faire expressément allusion à la démocratie comme cadre général ou à l'approfondissement de la démocratie comme action concrète, nous pouvons aujourd'hui affirmer clairement l'option pour l'équité comme principe et la démocratie comme cadre approprié. Le dialogue, la participation, la négociation et le consensus sont donc les mécanismes permettant de résoudre les conflits, ou du moins de les soulever, et l'implication des personnes dans ces procédures est un élément essentiel de leur formation.

Dans ce sens, nous pouvons voir comment les approches idéologiques, sociopolitiques et méthodologiques qui insistent pour revendiquer un développement social basé sur ce qui est "commun" aux personnes, en considérant des aspects aussi divers que le paysage, la culture, les sentiments ou les expériences qui sont configurés dans un territoire donné, tentent de valider des modèles et des processus de développement communautaire qui mettent l'accent sur les possibilités de l'éducation pour atteindre trois objectifs principaux :

- Avancer dans les potentialités offertes par la promotion de la réunion des communautés locales avec elles-mêmes, en garantissant la survie du territoire et des groupes sociaux (des enfants aux personnes âgées) qui l'habitent, y compris une disponibilité adéquate de ses ressources naturelles et le respect des valeurs qui prennent comme référence les différentes manifestations du patrimoine artistique-culturel légué par les générations précédentes. Il faut pour cela rendre compatibles les dimensions locale et globale, la vision micro avec la vision macro, la société civile avec l'État, l'estime de soi avec l'appréciation de l'autre, l'identité avec l'universel, etc. Car, comme le souligne Bassand (1992 :

116), pour le développement local " le singulier n'est pas incompatible avec le local, l'initiative locale implique des solidarités endogènes mais aussi et surtout exogènes ; les projets locaux ne s'opposent pas à l'ouverture et à l'échange avec le monde, le local n'exclut pas le global ; la tradition dans laquelle s'enracine souvent l'identité ne rejette pas la modernité - le local n'exclut pas le global, le local n'exclut pas le global ".

Rendre les communautés locales responsables et engagées dans les processus de changement et de transformation sociale, en confrontant leurs problèmes, leurs besoins et leurs demandes aux possibilités et aux limites (géographiques, démographiques, infrastructurelles, économiques, technologiques, etc.) de la réalité dont elles font partie, en développant leurs capacités d'initiative et de critique sans renoncer - par principe - aux avantages que la connaissance scientifique et l'innovation technologique peuvent offrir face à la promotion d'un développement toujours plus autonome et durable. Marchioni (1994 : 25) dira que le retour à la communauté dans les nouvelles conditions sociales et avec un Etat providence en crise, signifie reprendre un protagonisme qui semblait oublié ou submergé, en revitalisant "sa volonté de compter, d'avoir un rôle dans les processus sociaux, dans la prise de décision, en un mot sa volonté de participer. La demande de participation émerge à nouveau des couches et des sphères sociales dont elle avait été expulsée dans la croyance, en quelque sorte partagée ou assumée par trop de sujets, de son inutilité".

- Affirmer en chaque personne son protagonisme en tant que sujet et agent des processus de changement social, à partir de son environnement immédiat et dans la perspective d'une société de plus en plus interdépendante et mondialisée. Le "sujet" du développement, même s'il est qualifié de durable, n'est pas l'environnement. Car, évidemment, le développement se réfère à des personnes et à des communautés et non à des objets, avec toutes les conséquences que cela implique : "il s'agit d'impliquer chaque sujet dans la défense de son environnement naturel et culturel, en contribuant à la fois à la promotion des identités et à la redéfinition des autonomies locales. Une mission qui doit s'articuler à partir de la biographie que chaque personne apporte à l'histoire commune, en la contextualisant dans les espaces et les temps sociaux qui lui sont propres, à partir d'un strict respect des droits de l'homme et de l'aspiration inéluctable à améliorer progressivement la qualité de la vie" (Caride, 1997 : 225).

Nous ne pouvons pas ignorer, comme le souligne Leff (1986 : 187-195), que les principes environnementaux du développement se fondent sur une critique de l'homogénéisation des modèles productifs et culturels revendiquant les valeurs de la pluralité culturelle et la préservation des identités ethniques des peuples. Cette lecture a été contredite à plusieurs reprises par les paradigmes dominants de l'économie de marché. C'est pourquoi il est nécessaire de définir l'environnement également comme un séjour éthique et politique : "comme une condition pour la mise en œuvre de projets de gestion communautaire des ressources naturelles à l'échelle locale et comme un moyen efficace pour atteindre les objectifs du développement durable..... La nature cesse d'être uniquement une ressource économique et se transforme en patrimoine culturel ; les stratégies de gestion des ressources multiples offrent des principes permettant d'optimiser l'approvisionnement durable en ressources tout en préservant les conditions de durabilité de la production, sur la base d'une appropriation différenciée des satisfactions dans le temps et l'espace, ainsi que d'une répartition plus équitable des ressources et des richesses". Tout cela doit conduire à un nouvel ordre économique basé sur la gestion locale de l'environnement, dans lequel il s'agit de fournir aux populations locales le soutien et les moyens minimums nécessaires pour qu'elles développent leur propre potentiel d'autogestion dans des pratiques

Comme nous l'avons soutenu dans d'autres écrits (Caride et Meira, 1998, 2004 ; Meira, 2001), la croissance du marché mondial et l'établissement de ses mécanismes d'interdépendance politique, de travail, environnementale, etc. tendent à briser les économies à plus petite échelle, au point de menacer les fondements mêmes de l'existence humaine et, à long terme, de la biosphère elle-même. tend à décomposer les économies à plus petite échelle, au point de menacer les bases mêmes de l'existence humaine et, à long terme, de la biosphère elle-même, il est compréhensible que pour de nombreuses communautés "non occidentales", la durabilité signifie fondamentalement une manière de résister au progrès ; ou, comme l'explique Sauvé (1999), traduisant la perspective endogène en une forme alternative de développement, qu'elle
Les dimensions communautaires et locales du projet impliquent un moyen de faire face à la désintégration culturelle et à la désintégration des petites économies.

En d'autres termes, il ne s'agit pas seulement de prendre l'initiative ou d'entreprendre des transformations, mais de le faire d'une manière aussi cohérente que possible entre les processus locaux et globaux, toujours en accord avec une vision de l'avenir qui soit humaine et écologiquement souhaitable.

Outre d'autres considérations, dans lesquelles sont spécifiés différents processus qui prennent les communautés locales comme sphères d'explication et de construction de réalités sociales complexes (stratégies méthodologiques orientées vers la connaissance et l'intervention sociale, modèles d'action et d'intervention communautaire, etc.), qui se diversifient dans des dénominations qui confèrent une certaine substantivité au travail communautaire (études communautaires, organisation communautaire, développement communautaire, promotion communautaire, travail social communautaire, etc.), en ce qui concerne l'éducation à l'environnement, il convient de mentionner l'existence des dénommés programmes communautaires d'éducation à l'environnement (PEAC), définis comme "les activités éducatives qui ont lieu dans le cadre d'une petite communauté - quartier ou village - et qui sont réalisées dans le cadre d'une petite communauté (quartier ou village)".), en ce qui concerne l'éducation à l'environnement, il convient de mentionner l'existence des *programmes communautaires d'éducation à l'environnement* (PEAC), définis comme "les activités éducatives développées dans le cadre d'une petite communauté -quartier ou village- et orientées vers l'acquisition de connaissances et d'activités en rapport avec un problème environnemental de la communauté elle-même (incendies, pollution, déchets, gestion de l'eau, etc.) (Sureda et Colom, 1989 : 226) (Sureda et Colom, 1989 : 226). Les PEACs peuvent ou non faire partie de programmes plus larges (Agenda 21 local, programmes de développement intégral, etc.), bien qu'ils soient normalement conçus comme des outils éducatifs dans le cadre d'initiatives de développement plus larges.

La plupart de ces programmes, qui commencent par combattre l'analphabétisme fonctionnel qui existe en matière d'environnement dans de nombreuses communautés et secteurs sociaux, proposent, entre autres, les objectifs suivants :

- Accroître la participation des communautés à la reconstruction d'un environnement sain et à l'obtention d'une meilleure qualité de vie ;

- Promouvoir la constitution de groupes communautaires dans les domaines du pouvoir local, pour la défense et la conservation de l'environnement, et en même temps aborder de manière transversale d'autres finalités sociales : la génération d'emplois, la promotion de la santé publique, l'auto-organisation communautaire, la démocratisation dans la prise de décisions, etc... ;

- Encourager les connaissances et les recherches des communautés sur leurs propres problèmes environnementaux, en les orientant vers la sensibilisation et l'autogestion ;

- Renforcer l'engagement public et le sens de la responsabilité personnelle et collective dans la prise de décision et dans l'acceptation des conséquences de tous les types de mesures qui génèrent un impact environnemental ;

- Renforcer l'identité des groupes humains qui sont impliqués dans les processus migratoires, fondamentalement ceux qui dérivent de l'exode des campagnes vers les villes ou du sud socio-économique vers le nord, ou dont la réalité est altérée par des impacts externes qui remettent en question ou transforment significativement leur existence ;

- Générer une plus grande solidarité et coopération entre les communautés et les groupes sociaux qui partagent le même territoire, en encourageant leur participation à l'élaboration et à la gestion des projets de développement local.

Dans la littérature anglo-saxonne de la dernière décennie sur le domaine de l'EA, deux concepts ont été largement utilisés pour identifier les principes de ce recentrage participatif et communautaire : l'*autonomisation* et l'*appropriation*. La première est généralement traduite littéralement en anglais par l'anglicisme "empowering", et son originalité est pour le moins discutable, puisqu'elle nous renvoie aux propositions du mouvement d'éducation populaire qui s'est répandu dans toute l'Amérique latine dans les années 1960 et 1970, avec des figures aussi pertinentes et influentes dans le développement ultérieur de la pédagogie critique que Paulo Freire.

L'"empowerment" consiste à offrir les outils (éducatifs, politiques, sociaux, culturels, etc.) à une communauté pour qu'elle prenne conscience de sa réalité, s'organise et "assume le pouvoir" de la transformer.

Le second, l'*appropriation*, peut être traduit par "appropriation" et nous renvoie au même champ théorique : quel était, sinon, le sens dans la pédagogie freirienne du concept de conscientisation plutôt qu'une appropriation critique et consciente du monde comme prémisse pour pouvoir agir dans et sur celui-ci afin de le transformer.

Il s'agit, en somme, de nouveaux "concepts" enrobés d'hégémonie culturelle anglo-saxonne, qui ne font rien d'autre qu'actualiser et revigorer les anciens paradigmes éducatifs. La rencontre interactive et l'attitude interactive, qui pour Gudynas et Evia (1993 : 97) sont des composantes de base dans l'initiative que les écologistes sociaux entreprennent au niveau communautaire, doivent représenter pour les éducateurs des objectifs prioritaires ; une interaction qui se traduit en : l'intention de partager et de comprendre les composantes affectives, éthiques, cognitives et politiques de la réalité ; l'attitude de respect envers les personnes avec lesquelles ils interagissent ; l'attitude d'observation attentive de ce qui se passe dans le domaine de la praxis ; l'attitude de dévouement à leur praxis ; et l'attitude critique et réflexive, qui ne cherche pas à tomber dans le militantisme facile qui pardonne la superficialité du travail, ou qui s'abrite dans les dogmatismes.

L'éducateur environnemental ou socio-écologique - dans le vocabulaire de Guydinas et Evia - doit prêter attention aux différents aspects de ce qui l'entoure, il doit donc comprendre le cadre naturel et socialement construit de l'environnement où se développe sa praxis. Dans ce sens, les identités différentielles de l'environnement dans chaque communauté et pour chaque communauté doivent être une référence incontournable pour l'éducation environnementale.

Le discours construit jusqu'à ce point force, en guise de conclusion, la nécessité pour l'éducation à l'environnement développée dans des contextes communautaires d'abandonner son catalogage en tant qu'"éducation non formelle", dépourvue de systématique ou entité *en* soi. Au contraire, elle se veut "formelle" et "significativement" constituée en scénarios sociaux et en pratiques pédagogiques, avec des objectifs et des méthodes, des techniques et des stratégies, des contenus et des acteurs, des expériences et des pratiques, etc. qui ne peuvent être interprétés ni comme une manière de rendre viable un certain type de déni éducatif (dans ce cas, celui représenté par l'éducation "formelle" ou scolaire) ni comme l'expression d'une action parallèle, subsidiaire ou partielle de l'éducation.

C'est pourquoi nous revendiquons (Caride et Meira, 2004) la dénomination d'éducation environnementale communautaire comme une manière de reconnaître et de délimiter les profils d'une pratique pédagogique et sociale qui fait siens les engagements d'avancer vers une société durable, du moins tant que les mots continuent d'exercer une sorte de pouvoir symbolique et/ou matériel.

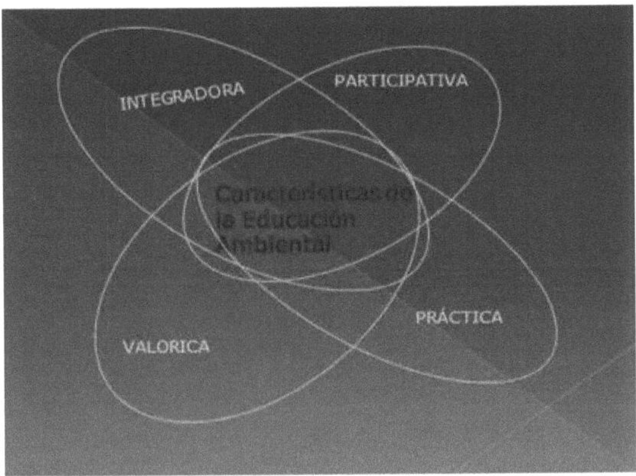

L'ÉDUCATION À L'ENVIRONNEMENT SELON TROIS APPROCHES : COMMUNAUTAIRE.

L'homme, depuis son émergence, a profité des richesses de la nature, mais à cette époque, il ne les affectait pas dans une mesure considérable. Dans les dernières étapes du développement de la société humaine, la capacité de l'homme à modifier son environnement s'est accrue et, par conséquent, la nécessité de protéger la nature des effets néfastes de cette activité est apparue.

C'est au début de la seconde moitié du vingtième siècle que nous commençons à percevoir des problèmes sans précédent qui affectent la survie même de l'espèce humaine sur terre.

Notre société est appelée à la formation de citoyens capables de jouer leur rôle en faveur de la planète et de son environnement socio-naturel, sur la base de connaissances, de principes et de convictions solides, garantissant l'équilibre relationnel de la pluralité des facteurs biotiques, abiotiques et sociaux qui composent notre espace de vie.

L'éducation en tant que processus et l'école en tant qu'institution jouent un rôle essentiel dans cette bataille, car elles doivent impliquer tous les membres de la société dans la recherche de solutions pour résoudre les problèmes environnementaux, en leur fournissant les connaissances, les compétences et les motivations nécessaires à une interprétation adéquate du monde et à une action sociale conforme à leurs besoins et à leurs demandes.

Afin de garantir que l'éducation atteigne cet objectif essentiel, l'introduction formative de la dimension environnementale dans son intégralité socioculturelle est nécessaire.

Cette réalité implique un traitement des questions environnementales de manière cohérente et significative, de sorte que l'activité cognitive des élèves soit en développement constant afin d'intégrer les connaissances.

Depuis sa conception à Stockholm, l'éducation à l'environnement est un processus éducatif continu visant à sensibiliser les individus et la société en général à leur environnement et à leur faire acquérir des connaissances, des compétences et des valeurs qui leur permettent de jouer un rôle positif, tant individuellement que collectivement, en faveur de la protection de l'environnement et de l'amélioration de la qualité de la vie humaine.

Il est donc évident que l'éducation environnementale ne présente pas de barrières d'âge, ni de système éducatif, de sorte que, à tout moment, l'individu est capable d'orienter de manière positive ses impressions et ses valeurs par rapport à l'environnement.

Cette conceptualisation conduit à une analyse des positions existantes sur la façon d'introduire l'environnement dans le processus d'enseignement éducatif et à l'hypothèse correspondante de critères pour la base de la proposition pour son introduction.

La dimension environnementale, nous la concevons comme : une approche qui dans un processus éducatif, d'investigation, s'exprime par le caractère systémique d'un ensemble d'éléments qui ont une orientation environnementale déterminée : exprimée à travers les liens environnement et développement ; ceux qui par conséquent sont interconnectés, où les fonctions ou comportements des uns, agissent et peuvent modifier ceux des autres.

En d'autres termes, la dimension environnementale dans un processus éducatif a un caractère systémique, interdisciplinaire et communautaire, que nous appellerons plus tard des approches en raison de la manière dont cette recherche fonctionnera.

Dans le cas de la dimension environnementale d'un plan d'études, par exemple, son introduction consistera en l'incorporation d'une conception intégratrice des connaissances, des habitudes, des capacités, des attitudes et des valeurs, consciemment conçue et contextualisée, qui traverse tout le plan d'études, de sorte qu'il soit établi ce que chacun de ces contenus a apporté dans le processus d'enseignement éducatif et qui aboutit à une formation intégrale du sujet, qui s'exprime dans ses actions envers l'environnement, par rapport à son entourage et aux problèmes environnementaux.

Par conséquent, il faut tenir compte du fait que l'introduction de la dimension environnementale dans le système éducatif entraînera des changements dans la théorie et la méthodologie du programme d'études, ce qui favorisera l'évaluation critique, la modification des attitudes, des valeurs et le développement d'un comportement responsable envers l'environnement et son milieu en particulier.

L'éducation environnementale, en plus d'être un processus d'apprentissage permanent, où les valeurs sont affirmées, est un processus visant à améliorer la qualité de vie et les conditions de la population, les relations humaines, sa culture et son environnement, à le reconnaître comme une ressource éducative, à protéger l'environnement et à comprendre les relations entre l'homme, la nature et la société.

A l'échelle nationale et internationale, l'éducation à l'environnement a été travaillée à partir de l'approche interdisciplinaire, multidisciplinaire et transdisciplinaire, en plus de l'approche communautaire. A travers cet article, nous entendons contribuer à la formation de l'éducation à l'environnement par l'intégration des approches communautaires, systémiques et interdisciplinaires.

L'approche communautaire est une approche très travaillée ces derniers temps, produit de la nécessité d'influencer nos étudiants dans le but de former des attitudes et des valeurs environnementales pour apaiser la crise et transformer l'attitude prédatrice de l'homme, par les problèmes écologiques existant sur notre planète.

L'éducation à l'environnement doit développer chez les élèves la capacité d'observation critique, de compréhension et de responsabilité vis-à-vis de l'environnement, qui se caractérise par sa multiplicité. L'un de ses principes fondamentaux est la contextualisation des contenus au milieu où vit l'étudiant, c'est pourquoi il est par excellence communautaire, puisque la communauté est son champ fondamental et que ses problèmes doivent faire partie du contenu des activités.

Les problèmes et leurs causes doivent être étudiés et analysés du local au global avec une progression de continuité connectée : micro, macro et vice versa. En partant de la résolution de problèmes proches de la vie de l'école ou de la communauté, c'est-à-dire en plaçant les élèves face à des réalités environnementales locales et à partir de celles-ci, ils peuvent aller vers d'autres réalités régionales ou mondiales.

Ce n'est pas que nous ne tenons pas compte de ces problèmes qui se produisent dans le monde, car il est nécessaire de les connaître, parce qu'ils affectent notre planète et nous affectent également, mais plutôt que nous devrions tenir compte des problèmes qui se produisent dans notre pays, notre province, la municipalité et plus spécifiquement dans l'environnement scolaire, la communauté où nous vivons, pour connaître les causes qui les provoquent et leurs solutions possibles. Si nous voulons parvenir à une prise de conscience des principaux problèmes de la communauté, nous devons réaliser des activités avec les élèves qui leur permettent d'identifier ces problèmes, d'analyser les causes de leur apparition, les conséquences sur la vie de la communauté et leur implication dans la solution pratique de ceux-ci, une question qui est très prise en compte dans les objectifs de l'éducation pour tous les niveaux d'enseignement dans le pays et dans cette recherche.

De nos jours, il n'est pas discuté si l'environnement est beaucoup plus que la nature ou l'écosystème naturel, c'est-à-dire qu'il s'agit d'un système complexe intimement lié où différents éléments concaténés tels que l'homme, la nature, la société, les relations sociales et culturelles, etc. sont pris en compte.

Il est nécessaire de comprendre la responsabilité qui doit être assumée envers l'environnement et pourquoi il est nécessaire de promouvoir l'éducation environnementale pour les étudiants dans le contexte institutionnel et social comme un espace d'action plus général, d'où la nécessité de cette approche communautaire. Travailler cette approche dans le processus d'enseignement éducatif implique l'intégration systémique et systématique de l'éducation environnementale, dans une perspective de liaison "environnement-école-communauté-école", d'où l'importance de contextualiser l'environnement où se trouve l'école, d'insérer des contenus environnementaux à travers le système éducatif pour former une culture environnementale chez nos élèves, afin d'obtenir un comportement correct envers l'environnement.

Il est donc nécessaire de travailler sur l'**approche systémique** dans l'éducation environnementale.

Tous les problèmes environnementaux ont nécessairement une constitution systémique, en les considérant comme un tout organisé, composé de parties qui interagissent les unes avec les autres. Par conséquent, comprendre l'environnement comme un système dans lequel les éléments qui l'intègrent sont interdépendants est une caractéristique fondamentale de la dimension environnementale. L'Environnement manifeste également une **vision systémique**, où les composantes du système sont intégrées dans l'environnement physique, biotique, économique et socioculturel.

Comme on peut le constater, la caractéristique fondamentale de l'approche systémique ne réside pas tant dans la composition des éléments qui la composent, mais dans la façon dont ces éléments s'intègrent les uns aux autres pour former une unité dialectique (de sorte que le changement qui se produit dans l'un de ses éléments affecte les autres) et comment l'intégration entre eux conduit au développement.

A partir de cette analyse, il est possible d'affirmer qu'un processus d'enseignement - apprentissage basé sur une vision systémique, devrait être caractérisé par :
L'intégration des éléments qui la constituent.

L'enrichissement réciproque des sujets qui sont liés.
Une conception holistique de la réalité.

La transformation des styles d'enseignement et d'apprentissage traditionnels afin de produire des changements du point de vue didactique, ce qui conduit nécessairement à la formulation de projets, de programmes et de stratégies éducatives qui répondent à des besoins réels.

La douleur liée à a été abordée dans différentes recherches.Cette terminologie ou théorie. Nous comprenons le système comme : "un ensemble d'éléments qui sont en relation les uns avec les autres et avec l'environnement". L'acceptation scientifique de cette approche donne une opérabilité épistémologique et méthodologique à l'**approche systémique**, également comprise comme : "un paradigme de caractère, dans la mesure où il représente une constellation complète de croyances, de valeurs, de techniques et de vision du monde, partagée par certains membres d'une certaine communauté".

L'approche systémique, en tant que conception scientifique, présente une dualité instrumentale de valeur indiscutable : "comme méthodologie d'analyse descriptive et comme stratégie d'optimisation du système". C'est pourquoi, avant de définir l'environnement, il est nécessaire d'analyser d'un point de vue philosophique la définition du **système** : "ensemble d'éléments interdépendants qui constituent une certaine formation intégrale". Ce sont les raisons pour lesquelles l'**approche systémique** soutient la base théorique du traitement des problèmes **environnementaux**, qui a connu différents moments dans son évolution historique.

L'approche systémique apparaît comme un instrument méthodologique dont l'objet est d'identifier dans un cadre cohérent l'ensemble des facteurs, états et interactions qui caractérisent l'apparition d'un phénomène de l'existence de tout problème environnemental.

L'approche systémique dans l'éducation à l'environnement nécessite un projet abordé à partir d'une vision globale qui considère qu'il s'agit d'un système ouvert dans lequel le tout est plus que la somme de ses parties, dans lequel la connaissance des interrelations est plus explicative ,   où le   Il   s'agit   d'un système ouvert dans lequel le tout est plus que la somme de ses parties, dans lequel la connaissance des interrelations est plus explicative, où l'on recherche un traitement interdisciplinaire, où l'on valorise la structure et le fonctionnement, en tenant compte des aspects dynamiques et évolutifs et de la réalisation du système étant donné sa complexité. Le grand défi de l'éducation à l'environnement est de savoir comment saisir la totalité dans un mouvement fluide, ce qui suppose un modèle d'enseignement-apprentissage dans lequel on ne propose pas de connaissances supplémentaires et juxtaposées, mais où il est nécessaire d'établir des connexions et des relations de connaissances dans une totalité indivise et en évolution permanente.   changement.   Cette approche intégrée de L'approche du musée est interdisciplinaire.

Approche interdisciplinaire.
L'interdisciplinarité représente un ensemble de disciplines reliées entre elles et ayant des relations définies, de sorte que leurs activités ne se déroulent pas de manière isolée, dispersée et fractionnée. Elle naît avec le caractère individuel de divers sujets qui mettent en évidence leurs interdépendances et avec lesquels il est possible de donner une vision globale et moins schématique des problèmes. C'est-à-dire l'articulation des différentes disciplines pour comprendre un processus dans sa globalité, afin de passer à l'analyse et à la solution d'un problème particulier.
L'incorporation de cette approche interdisciplinaire dans la pratique éducative doit se faire progressivement, ce qui suppose la réalisation de collectifs pédagogiques,

d'années et de disciplines, afin de parvenir à une organisation adéquate de l'enseignement, qui contribue à la compréhension par les élèves de la structure complexe de l'environnement, telle qu'elle résulte de l'interaction de ses aspects physiques, biologiques, sociaux et culturels, ainsi qu'à une prise de conscience claire de l'interdépendance politique, économique et écologique du monde.

Il s'agit donc de les sensibiliser aux problèmes qui font obstacle au bien-être individuel et collectif, d'en rechercher les causes et d'identifier les moyens de les résoudre. De cette façon, ils pourront participer à la définition collective de stratégies pour résoudre les problèmes qui affectent la qualité de l'environnement.

L'**interdisciplinarité** est comprise comme ".... méthodologie qui caractérise un processus d'enseignement, de recherche ou de gestion, dans lequel on établit une interrelation de coordination et de coopération effective entre les disciplines, mais en maintenant leurs cadres théoriques-méthodologiques...", un concept auquel le chercheur adhère, en raison de sa grande connotation du point de vue méthodologique à mettre en œuvre dans la pratique pédagogique.

Les processus d'intégration interdisciplinaire impliquent une relation plus organique entre les sujets, où chaque sujet apporte des schémas conceptuels, des méthodes d'intégration et des façons d'analyser les problèmes grâce à une coopération étroite et coordonnée.

Le principe philosophique dialectique-matérialiste de concaténation des phénomènes se reflète dans l'enseignement à travers les contenus communs à plusieurs matières, dans le processus d'enseignement et d'apprentissage.

Le progrès de la connaissance se réalise dans le mouvement de la pensée, qui passe de liens moins profonds et généraux pour établir des liens plus profonds et plus spécifiques entre les faits, les processus, les phénomènes de ce monde infini.

L'interdisciplinarité n'est pas seulement un critère épistémologique, un système instrumental et opératoire, mais aussi une manière d'être. Il exprime le caractère multiple des relations et l'orientation du sens selon les ordres qu'il établit.

La nature interdisciplinaire de l'éducation environnementale à travers cette recherche sera travaillée de comment insérer à travers le système éducatif des contenus environnementaux pour former dans nos étudiants une culture environnementale et atteindre des comportements corrects envers l'environnement, n'est pas seulement de le savoir, c'est-à-dire, il ne suffit pas d'éduquer pour la nature en l'utilisant comme une ressource éducative, mais :

Il s'agit d'une éducation **à l**'environnement : les questions environnementales sont traitées en classe ou en atelier (notamment dans les environnements naturels et urbains).

L'éducation **dans** l'environnement : on étudie l'environnement dans lequel se trouve l'école, l'environnement qui entoure les élèves et dans lequel ils se développent, le tout d'un point de vue naturaliste.

L'éducation à l'environnement : elle débouche sur une action visant à changer les attitudes, à former des valeurs, à conserver l'environnement naturel et/ou urbain, à l'influencer dans un esprit de préservation s'il n'est pas dégradé ou de transformation s'il l'est.

Sur la base de ce qui précède, on peut affirmer que l'école, en tant qu'institution éducative, est chargée de former une personnalité intégrale, capable de favoriser le développement durable grâce à un processus pédagogique planifié, organisé et cohérent.

Pour cela, il faut un enseignant d'une grande intégrité, qui garantisse, en plus des connaissances nécessaires, le développement des compétences et la formation des valeurs que notre société exige aujourd'hui pour le soin et la conservation de notre environnement, un enseignant qui éduque nos élèves à l'environnement. D'où la nécessité d'inclure dans le programme scolaire la dimension environnementale dans une perspective holistique et de développement, comme le prévoient les principes de l'éducation à l'environnement pour des sociétés durables.

L'éducation à l'environnement doit se matérialiser en tenant compte du système d'influences éducatives, dont le noyau est l'école, dans laquelle l'enseignant, par le biais des indications méthodologiques proposées, parvient à développer la pensée critique et grâce à laquelle l'élève se sent responsable de l'environnement dont il fait partie.

Le développement d'un modèle didactique interdisciplinaire où les approches (systémique, communautaire et interdisciplinaire) de l'éducation à l'environnement sont interreliées permet une plus grande orientation, interaction enseignant-élève et articulation entre les connaissances et les attitudes environnementales.

Les étudiants, en tant que protagonistes du processus, identifient les problèmes environnementaux liés au contenu étudié, font des évaluations, des analyses et en viennent à proposer des actions, c'est-à-dire qu'ils passent par différentes étapes où ils manifestent leurs actions transformatrices devant l'environnement.

Si l'on tient compte des considérations qui doivent être tirées de l'éducation environnementale pour cette recherche, il est nécessaire d'obtenir chez les élèves un processus d'apprentissage qui entraîne un changement dans leur comportement et dans l'acquisition de valeurs essentielles. L'inclusion de l'environnement dans les programmes des matières de sciences exactes dans l'enseignement pré-universitaire entraîne des changements significatifs dans le système éducatif, de ses objectifs aux contenus et méthodologies de son enseignement, de manière à redéfinir le type de personne à éduquer, en fonction des scénarios futurs de ses performances.

PROCESSUS HISTORIQUE DE L'ÉDUCATION À L'ENVIRONNEMENT

Depuis 1972, date à laquelle la Déclaration sur l'environnement humain a été signée à la réunion de Stockholm, il y a eu des expressions et des engagements concrets liés au développement durable dans le monde, bien que la préoccupation pour la gestion non durable de notre planète soit antérieure à cette date. Mais cette déclaration, avec ses répercussions ultérieures, est celle qui a marqué une étape fondamentale dans l'avancée vers la compréhension de l'urgence d'un changement dans les processus de développement.

La Déclaration affirme que "l'homme a le droit fondamental à la liberté, à l'égalité et à la jouissance de conditions de vie adéquates dans un environnement d'une qualité qui lui permette de vivre dans la dignité et le bien-être, et a l'obligation solennelle de protéger l'environnement pour les générations présentes et futures".

Des institutions clés telles que le Programme des Nations unies pour l'environnement (PNUE) ont vu le jour et, en 1975, il a été proposé que l'UNESCO prenne en charge la mise en place du Programme interdisciplinaire d'éducation à l'environnement (PIEE), en tant que contribution fondamentale à la réalisation d'un changement dans la vision du développement et dans l'éducation qui pourrait y parvenir.

En 1975, la réunion de Belgrade sur l'éducation à l'environnement s'est tenue et a favorisé un effort international du PNUE et de l'UNESCO pour mieux comprendre et mettre en pratique cette nouvelle éducation, qui a ensuite été décrite de manière plus détaillée et avec une vision extraordinaire lors de la Conférence intergouvernementale sur l'éducation à l'environnement, tenue à Tbilissi en octobre 1977. Entre Belgrade et Tbilissi, des réunions préparatoires régionales ont eu lieu, telles que celles pour l'Afrique (Brazzaville, 1976), l'Amérique latine et les Caraïbes

(Bogotá,
1976) et en Europe (Helsinki, 1977), où des discussions importantes ont eu lieu et où la vision du nouveau type d'éducation pour l'avenir a été élargie. Certaines de ces contributions intéressantes sont exprimées dans des déclarations telles que la suivante :
"L'éducation à l'environnement devrait encourager l'établissement d'un système de valeurs en harmonie avec l'environnement culturel traditionnel..... L'agression, les conflits et la guerre ont tous des effets désastreux sur l'homme et l'environnement. Par conséquent, l'éducation devrait promouvoir la paix et la justice entre les nations" (Brazzaville, 1976).5 "L'éducation environnementale devrait viser à renforcer le sens axiologique, contribuer au bien-être collectif, se préoccuper de la survie de l'humanité" (Helsinki, 1977)6.
Cette vision globale, liée aux valeurs, à la paix et à la justice, au bien-être collectif, a ouvert une dimension conceptuelle qui a ensuite été renforcée lors de la réunion de Tbilissi, dont la déclaration finale souligne :
"L'éducation environnementale est vraiment l'éducation telle qu'elle devrait être comprise et pratiquée à notre époque. L'éducation à l'environnement, en plus d'être orientée vers la communauté, devrait impliquer l'individu dans un processus actif visant à résoudre les problèmes qui se posent dans le contexte de réalités spécifiques, en favorisant l'initiative, la responsabilité et le sens de la prospective pour un avenir meilleur" (Tbilissi, 1977).
L'Amérique latine est sans aucun doute l'une des régions du monde qui a adopté avec enthousiasme l'engagement en faveur de l'éducation environnementale. Des changements ont été apportés aux programmes par les ministères de l'éducation, des projets pilotes ont été réalisés et évalués, et diverses actions ont été proposées pour insérer la dimension environnementale dans le programme éducatif.
En 1987, le rapport Notre avenir à tous est publié par la Commission Brundtland, créée trois ans plus tôt, avec la participation d'experts de différentes régions du monde, dont certains d'Amérique latine. Ce rapport a présenté la définition du développement durable qui est largement utilisée aujourd'hui, et qui a servi de référence pour les documents du sommet de Rio en 1992 :
"Le développement durable est celui qui permet de satisfaire les besoins du présent, sans compromettre la capacité des générations futures à satisfaire leurs propres besoins".
De nombreux chefs d'État et de gouvernement ont salué la déclaration de Rio, signé les conventions sur la diversité biologique et le changement climatique, et approuvé le programme d'action Action 21.
Le chapitre 36 de l'Agenda 21 est consacré au thème de l'éducation, de la sensibilisation du public et de la formation, proposant la réorientation de l'éducation vers le développement durable (dans le cadre des recommandations de la Conférence mondiale de Jomtien sur l'éducation des enfants et des adolescents).
1990), et proposant une série d'objectifs et d'activités pour les atteindre.
La Convention sur la diversité biologique, quant à elle, consacre son article 13 à l'éducation et à la sensibilisation du public, en proposant de promouvoir et de favoriser la compréhension de l'importance de la conservation et de l'utilisation durable de la diversité biologique.

Parallèlement à la réunion officielle convoquée par les Nations unies à Rio de Janeiro, s'est tenu le Global Citizen Forum, avec la participation de milliers de personnes et d'institutions indépendantes du monde entier, où a été proposé un traité sur l'éducation à l'environnement pour des sociétés durables et une responsabilité mondiale8, composé d'une série de principes axiologiques, politiques et méthodologiques visant à générer des valeurs, des attitudes et des comportements conformes à la construction d'une société durable, juste et écologiquement équilibrée.

Après Rio, le contexte international s'est enrichi d'une série de nouvelles réunions et d'engagements sur des aspects importants liés au développement : la Conférence du Caire sur la population, tenue en 1994 ; la Conférence sur le développement social, tenue à Copenhague en 1995 ; la Conférence sur les femmes, tenue à Pékin la même année ; la Conférence d'Istanbul sur les établissements humains en 1996, etc. Dix ans après Rio, en 2002, s'est tenu le Sommet mondial sur le développement durable (SMDD).

Développement durable, également convoquée par les Nations unies.

Le document final de cette réunion ou plan d'action ne comporte que de brèves références à l'éducation en général et ne consacre pas de section spéciale au thème de l'éducation environnementale9.

Toutefois, d'importantes réunions régionales et mondiales sont en préparation pour 2003, comme le premier congrès mondial sur l'éducation à l'environnement, qui se tiendra à Espinho, au Portugal, en mai, et le quatrième congrès ibéro-américain sur l'éducation à l'environnement, qui se tiendra à La Havane, à Cuba, en juin.

DÉFINITION, SUBDIVISIONS, OBJECTIFS ET CARACTÉRISTIQUES DE L'ÉDUCATION À L'ENVIRONNEMENT

DÉFINITION DE L'ÉDUCATION À L'ENVIRONNEMENT

"L'éducation à l'environnement est un processus formateur par lequel l'individu et la communauté sont sensibilisés et comprennent les formes d'interaction entre la société et la nature, leurs causes et leurs conséquences, afin qu'ils puissent agir de manière intégrée et rationnelle avec leur environnement "10.

Dans cette définition, il est important de noter que le processus éducatif ne cherche pas seulement à accroître les connaissances de la population cible, mais aussi à comprendre les interactions fondamentales entre les êtres humains et la nature, le tout dans un but précis : l'action.

En d'autres termes, l'éducation à l'environnement est proposée comme une activité intégrale et systémique, avec deux axes centraux : l'analyse, la connaissance et la compréhension des interactions et l'action sociale participative en vue de l'amélioration de l'environnement.

LES SUBDIVISIONS DE L'ÉDUCATION À L'ENVIRONNEMENT

L'éducation à l'environnement a traditionnellement été divisée en éducation à l'environnement formelle, éducation à l'environnement non formelle et éducation à l'environnement informelle.

L'éducation environnementale formelle est celle qui est réalisée dans le cadre des processus éducatifs formels, c'est-à-dire ceux qui mènent à des certifications ou à des diplômes, depuis l'école maternelle, en passant par l'école primaire et secondaire, jusqu'à l'université et l'enseignement supérieur. Les formes d'expression de cette éducation vont de l'incorporation de la dimension environnementale de manière transversale dans le programme scolaire, à l'insertion de nouvelles matières connexes, ou à la mise en place de projets éducatifs scolaires.

L'éducation non formelle à l'environnement s'adresse à tous les secteurs de la communauté, dans le but de fournir une meilleure connaissance et compréhension des réalités environnementales mondiales et locales, afin de promouvoir des processus d'amélioration impliquant les différents groupes de la société, hommes et femmes, groupes ethniques, communautés organisées, secteurs productifs, fonctionnaires, etc. Elle s'exprime généralement par le biais d'ateliers, de séminaires, de cours et d'autres activités de formation, inclus dans les programmes de développement social communautaire ou dans les plans éducatifs d'organisations publiques ou privées, au niveau national, régional ou local.

L'éducation informelle à l'environnement est celle qui est orientée de manière large et ouverte vers la communauté, vers le grand public, en proposant des lignes directrices pour le comportement individuel et collectif sur les alternatives pour une gestion appropriée de l'environnement, ou en soulevant des opinions critiques sur la situation environnementale existante, à travers divers moyens et mécanismes de communication.

Il peut s'agir, par exemple, d'émissions de radio ou de télévision, de campagnes éducatives, d'articles ou de tirés à part de journaux, d'utilisation de prospectus, de la présentation de pièces de théâtre, de la mise en scène de spectacles musicaux, etc.

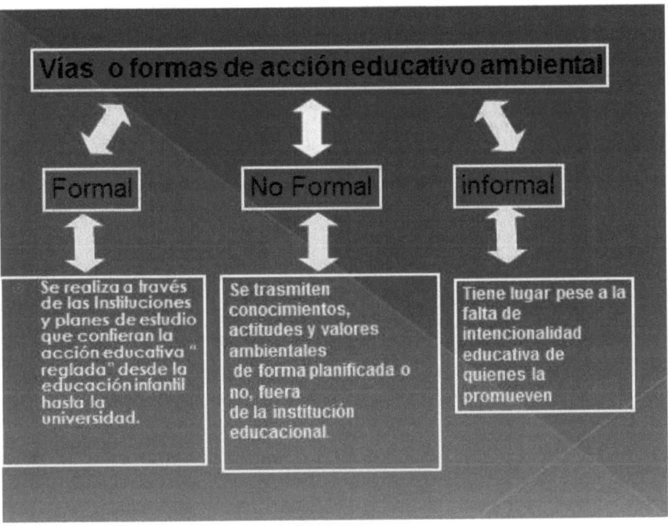

OBJECTIFS DE L'ÉDUCATION À L'ENVIRONNEMENT

La Charte de Belgrade sur l'éducation à l'environnement, élaborée et adoptée à l'issue de la Conférence de Belgrade convoquée par l'Organisation des Nations Unies pour l'éducation, la science et la culture (UNESCO) en octobre 1975, comprend les objectifs suivants de l'éducation à l'environnement :

Éducation environnementale et conservation de la biodiversité dans le développement communautaire

Projet "Conservation de la biodiversité et gestion durable du Salar del Huasco".

a. Former et éveiller la conscience environnementale.

b. Générer des connaissances chez les individus et les groupes sociaux pour acquérir une compréhension de base de l'environnement dans son ensemble.

c. Développer des attitudes chez les personnes et les groupes sociaux, basées sur l'acquisition de valeurs sociales et l'intérêt pour l'environnement.

d. Découvrir et cultiver les capacités des personnes à résoudre les problèmes environnementaux, par elles-mêmes et/ou en agissant collectivement.

e. Stimuler la participation, en aidant les individus et les groupes sociaux à approfondir leur sens des responsabilités et à l'exprimer par une action décisive.

f. Développer la capacité d'évaluation des personnes et des groupes sociaux, afin d'évaluer les mesures et les programmes d'éducation environnementale.

Cette déclaration d'objectifs, bien qu'elle ait constitué à l'époque une étape importante dans le processus d'organisation, de systématisation et d'orientation du travail environnemental d'un point de vue éducatif, devrait être enrichie et actualisée, en incorporant, entre autres éléments, une conception holistique et intégratrice de l'environnement, ainsi que la prévision futuriste de la durabilité du développement et de son impact sur la qualité de vie des populations.

En prenant la définition de l'éducation à l'environnement comme base conceptuelle, les objectifs suivants, entre autres, pourraient être ajoutés :

g. Permettre à la population, individuellement et collectivement, d'assumer de manière participative la gestion environnementale de l'espace géographique qu'elle occupe.

h. Contribuer à la construction d'une vision intégrale et holistique de l'environnement, en fournissant des outils et des moyens intellectuels pour accéder à la connaissance environnementale et la construire.

i. Promouvoir et stimuler les actions visant à atteindre des niveaux de développement durable à l'échelle humaine, en fournissant des bases conceptuelles et instrumentales pour améliorer et maintenir des conditions optimales de qualité de vie pour tous.

L'éducation environnementale actuelle est conçue en étroite relation avec la conception dynamique de l'environnement et entretient des liens plus forts avec la gestion de l'environnement qu'avec la simple description des problèmes environnementaux. Ce fait marque l'une de ses caractéristiques centrales : le lien avec le développement durable et la participation.

CARACTÉRISTIQUES DE L'ÉDUCATION À L'ENVIRONNEMENT

Sur cette base, les caractéristiques de l'éducation à l'environnement, qui ont été proposées lors de la Conférence intergouvernementale sur l'éducation à l'environnement tenue à Tbilissi (Géorgie) en 1977 et ratifiées au fil du temps, peuvent être présentées en termes généraux comme suit :

a. Globalité et intégralité. C'est-à-dire que l'environnement est considéré dans sa totalité avec une approche holistique et intégrative, en examinant les aspects naturels et sociaux en interaction.

b. Continuité et permanence. Il doit s'agir d'un processus ininterrompu qui se produit et accompagne les êtres humains et les groupes sociaux à toutes les étapes de la vie.

c.   Interdisciplinarité et transdisciplinarité. Son champ conceptuel et d'action englobe et transcende les limites artificielles des différentes disciplines de la connaissance humaine.

d.   Couverture spatiale. Son influence s'étend aux niveaux local, régional, national et international : elle doit être située à la fois dans des situations spécifiques et dans leurs contextes proches et lointains.

e. Temporalité et durabilité. Elle modélise la gestion de la situation actuelle et la vision de l'avenir, c'est-à-dire qu'elle se concentre sur les situations environnementales d'aujourd'hui et celles qui pourraient survenir, dans une perspective historique, en vue de la construction de futurs alternatifs souhaitables et possibles pour la vie dans toutes ses formes de manifestation.

f.   Participation et engagement. Engage et stimule la participation des différents secteurs de la population à la réalisation d'une gestion rationnelle de l'environnement, par le biais de la coopération locale, régionale, nationale et internationale.

g.   Base du développement. En ce sens, elle utilise diverses méthodes pour faciliter la connaissance et la compréhension des situations environnementales, en approfondissant celles qui rendent viables les processus participatifs ; elle influence et oriente les plans de développement, les stratégies et les méthodes d'action pour parvenir à un développement durable à l'échelle humaine.

h. Lien avec la réalité. Son action vise à établir un lien étroit et actif avec la réalité locale, nationale, régionale et mondiale.

i.   Universalité. De par sa conception et son orientation, il s'adresse à tous les secteurs de la population, à tous les groupes d'âge, ethniques et de sexe, et à tous les niveaux éducatifs et sociaux, afin de les impliquer activement dans la gestion participative de l'environnement.

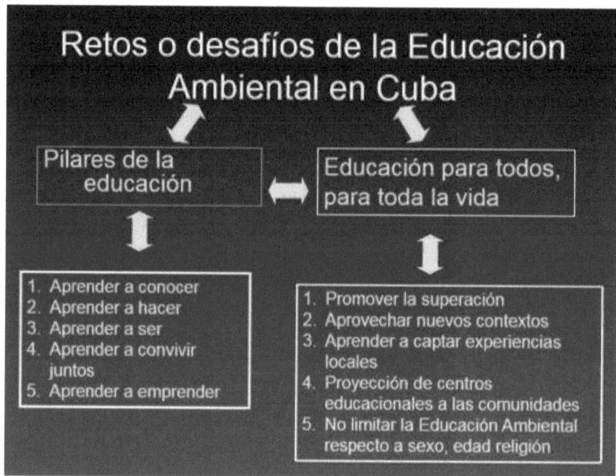

ÉLÉMENTS DE LA RECHERCHE-ACTION PARTICIPATIVE EN MATIÈRE D'ÉDUCATION À L'ENVIRONNEMENT

LES ÉTAPES DE LA RECHERCHE PARTICIPATIVE

La recherche participative peut se dérouler en environ huit étapes de travail, pas nécessairement séquentielles, car certaines d'entre elles sont menées en parallèle, en fonction des objectifs et des besoins du processus.

Les étapes peuvent être les suivantes :

Étape 1 : Questionnement et exploration

Il permet d'identifier la situation globale, de déterminer les caractéristiques des zones et des populations, de travailler sur les principales questions et interrelations, et d'établir une base de travail.

Étape 2. Sujets à étudier

Au cours de cette étape, on discute des sujets à étudier ou des thèmes d'analyse, des connaissances à obtenir, ainsi que de l'approche disciplinaire et interdisciplinaire du travail.

Étape 3. Emplacement thématique

Placement dans un cadre problématique plus large : analyse de la situation globale, scénarios souhaitables, problèmes à résoudre, planification de base.

Étape 4. Orientation théorico-pratique

Il établit certaines hypothèses de départ, les principes de la recherche participative à réaliser, ainsi que les caractéristiques du design émergent, l'approche pour atteindre les objectifs, les lignes directrices pour la recherche d'informations et l'utilisation de techniques, ainsi que l'élaboration des instruments de soutien.

Étape 5 : participation du groupe de recherche

Un groupe de chercheurs participants est créé et mis en place. Des ateliers de consultation sont organisés avec les institutions ou entités partenaires et des ateliers de formation pour les personnes qui mèneront le travail directement avec la communauté (qualifiées de promoteurs).

Étape 6 : Définition de l'univers de l'étude

Le champ géographique est délimité, ainsi que les communautés et les personnes participantes. Les possibilités d'accès aux communautés étudiées sont analysées et la représentativité qualitative et quantitative de l'échantillon est établie.

Étape 7. Collecte et systématisation de l'information

Les instruments pour l'application des différentes techniques sont conçus et préparés, et des ateliers de formation sont organisés pour l'utilisation des instruments. Les techniques sont appliquées et les données sont collectées et organisées. Les principaux résultats sont systématisés.

Étape 8. Analyse interprétative des résultats et des conclusions

Les résultats systématisés sont analysés afin de les expliquer et de tirer les principales conclusions. Ils sont commandés et étudiés, et les rapports respectifs sont élaborés. La méthodologie de la recherche participative comprend l'application de plusieurs techniques11 , ainsi que leur articulation mutuelle, l'examen différencié des réponses et aussi la recherche d'éléments connexes et contrastés qui permettent de distinguer les attitudes et les opinions en fonction de leur situation dans des groupes de même sexe ou mixtes, et par rapport aux tranches d'âge étudiées.

RECHERCHE PARTICIPATIVE ET ÉDUCATION À L'ENVIRONNEMENT

L'éducation à l'environnement devrait inclure des processus de recherche participative de profondeur et de niveau variables, conformément aux objectifs des activités éducatives. À son tour, la recherche participative sur les questions environnementales devrait devenir un moyen d'éducation.
Le processus d'étude de situations environnementales complexes conduit à des situations formatrices qui peuvent être utilisées de manière positive. Ce qui est fondamental, c'est de garder à l'esprit que l'éducation à l'environnement ne consiste pas seulement en la simple reproduction de connaissances préexistantes, adéquates ou résumées de manière à pouvoir être comprises par de grands groupes sociaux, mais qu'elle comprend également la recherche et la création de nouvelles connaissances.

Conformément aux caractéristiques de l'éducation à l'environnement, la recherche doit être participative et produire des résultats concrets pour l'amélioration des conditions environnementales et de la qualité de vie de la population. En outre, cette recherche propose des processus d'approche des réalités auxquels nous pouvons et devons tous contribuer.Les modules V et VI présentent plus en détail les techniques et les instruments qui peuvent être appliqués dans les processus d'éducation à l'environnement, avec une approche de recherche et de participation.

CONCEPTION PARTICIPATIVE DE PROJETS COMMUNAUTAIRES D'ÉDUCATION À L'ENVIRONNEMENT

L'éducation communautaire à l'environnement fait partie de l'éducation non formelle à l'environnement et correspond à un travail éducatif sur l'environnement et le développement durable destiné aux communautés urbaines et rurales, afin de les former et de les encourager à agir pour améliorer leurs conditions environnementales et renforcer les processus de conservation de la diversité biologique et culturelle.

Un plan communautaire d'éducation à l'environnement s'inscrit également dans un processus de recherche participative, dans la mesure où il comprend différents moments d'analyse des réalités dans lesquelles vit la population.

Il existe plusieurs façons d'aborder la planification d'un plan d'éducation à l'environnement, lié à la mise en œuvre d'actions spécifiques de récupération de l'environnement par la communauté. Nous présentons ici un schéma simple, considéré comme "classique", qui est utile dans différents contextes.

Lors de sa mise en œuvre, chaque étape doit être examinée de manière analytique et critique, afin que les tâches puissent être adaptées de manière appropriée aux exigences réelles de la communauté et de la région considérées.

Les étapes possibles de l'élaboration et de la mise en œuvre d'un tel plan sont les suivantes :

ÉTAPE 1 : Analyse de la situation de la conservation de l'environnement et de la biodiversité. Établissement des principaux problèmes environnementaux dont souffre la communauté et détermination de ceux qui seront considérés comme prioritaires pour le plan. Cela doit être fait de manière participative, en utilisant des techniques considérées comme appropriées pour le type de communauté où le travail est effectué (voir les techniques et les instruments dans les modules V et VI). La hiérarchisation des problèmes doit également être réalisée de manière participative, en utilisant des méthodes de sélection dynamique et en considérant des alternatives techniques pour la pondération de chacun d'entre eux (critères de plus grande couverture, incidence, population affectée, etc.)

ÉTAPE 2 : Définition de solutions alternatives aux problèmes identifiés. Une fois les problèmes sélectionnés, chacun d'entre eux doit être analysé du point de vue de ses possibles solutions techniques, organisationnelles ou comportementales, dans le but de définir d'éventuelles études complémentaires à réaliser ou des ajustements à intégrer au processus.

ÉTAPE 3 : Analyse de la perception des problèmes par la communauté et du degré de connaissance qu'elle a de ces problèmes. La manière dont le problème est exprimé en eux et l'étendue de leurs connaissances à ce sujet, de manière intuitive ou explicite.

ÉTAPE 4 : Élaboration de directives centrales pour la résolution des problèmes environnementaux prioritaires et détection des thèmes éducatifs auxquels chacun d'entre eux est lié. Les problèmes environnementaux seront classés par ordre de priorité en fonction des lignes directrices de l'action éducative qui devraient être définies au cours de cette étape. À cette fin, il est important de garder à l'esprit que, dans une plus ou moins grande mesure, des processus de gestion environnementale sont en cours au sein de la même communauté ou au niveau municipal, et que ces lignes directrices, ainsi que l'ensemble du plan, doivent être étroitement liées à ce travail et aux expériences intersectorielles précédentes.

ÉTAPE 5 : Établissement des objectifs généraux et de la couverture. Les objectifs peuvent être associés à des aspects éducatifs généraux pour la population, à la sensibilisation à l'environnement, à la participation des groupes et des individus, à l'organisation collective, ou ils peuvent être orientés vers des réalisations liées à des niveaux de solution de problèmes spécifiques où il est nécessaire d'éduquer la population. La couverture indiquera l'étendue du travail, en termes de zone géographique et de personnes et groupes à cibler.

ÉTAPE 6 : Formulation des objectifs et élaboration du plan d'action pour l'éducation à l'environnement. De manière participative, la communauté doit contribuer à la formulation des objectifs spécifiques et du plan d'action, qui comprendra également les activités à mener pour chaque objectif et les résultats attendus de chaque activité. De même, une stratégie générale sera définie, où les secteurs impliqués et les responsabilités de chaque activité seront exposés.

ÉTAPE 7 : Mise en œuvre du plan d'action. La participation active de la communauté est d'une importance vitale, et doit être présente dans les différentes activités, selon les capacités, les connaissances et la disponibilité des individus et des groupes.

ÉTAPE 8 : Élaboration de messages informatifs en fonction des priorités thématiques, pour différents médias. Les messages seront élaborés sur la base de ce qui a été obtenu lors des étapes précédentes, en choisissant les formes de communication les plus appropriées à la communauté et à ses caractéristiques culturelles, au traitement des problèmes sélectionnés et à l'environnement géographique.

ÉTAPE 9 : Sélection des stratégies pour faire passer ces messages (formes de diffusion, renforcements, liens avec les tâches spécifiques, bilan de réceptivité, etc.) Il s'agit notamment des moyens de communication à utiliser, des formes de diffusion des messages, des renforcements ultérieurs, des liens entre les messages et les tâches spécifiques à réaliser ou en cours, de l'analyse progressive de la réceptivité, etc.

ÉTAPE 10 : Suivi et évaluation des premières étapes du plan et détermination des modifications à y apporter. Il est nécessaire d'établir un plan concret de suivi et d'évaluation pour l'ensemble du plan. Ces résultats devraient faire partie d'un processus de retour d'information pour toutes les étapes.

ÉTAPE 11 : Suivi des résultats et des alternatives pour atteindre leur durabilité. Il est important d'établir des lignes concrètes pour le suivi du processus, articulées avec l'évaluation et la réalisation de chacune des activités, ainsi que les résultats attendus.

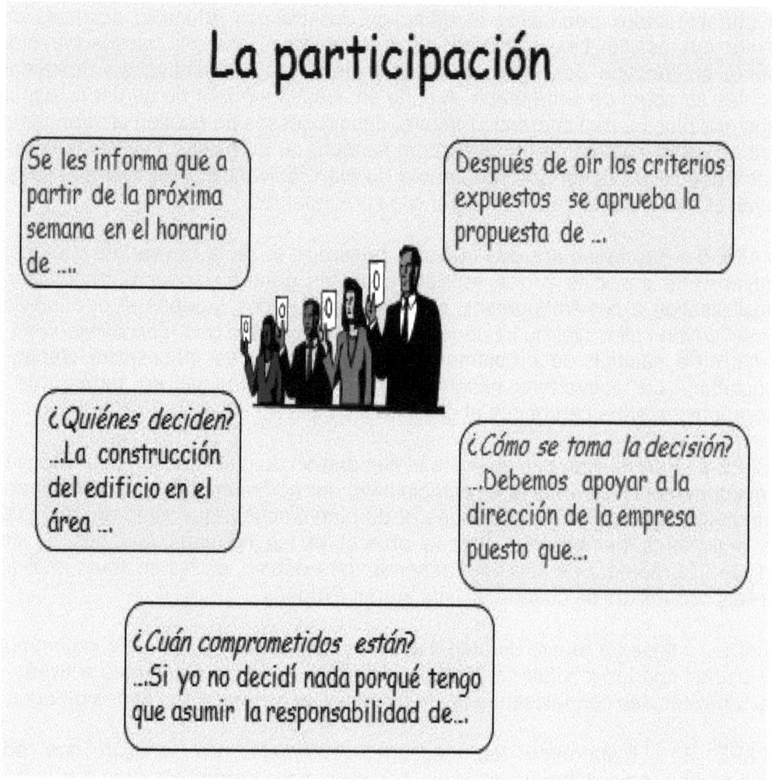

La participación

TECHNIQUES DE PARTICIPATION COMMUNAUTAIRE DANS L'ÉDUCATION À L'ENVIRONNEMENT

TECHNIQUES D'OBSERVATION DES PARTICIPANTS

L'objectif de cette technique d'éducation à l'environnement est de recueillir des informations qualitatives et quantitatives sur les caractéristiques naturelles et sociales d'un lieu et d'une époque donnés, ainsi que sur les problèmes environnementaux généraux, grâce aux documents et aux rapports que diverses institutions ou personnes possèdent sur le sujet étudié, et grâce à l'observation des processus en cours dans une localité, une région ou un groupe. Cette technique implique une interaction intense entre les éducateurs et les groupes de personnes et de lieux étudiés, dans la zone de l'activité à analyser à des fins d'éducation environnementale.

Les aspects à prendre en compte dans cette technique sont les suivants :

* Sélection des lieux et des occasions d'observation
* Stratégie de participation active
* Notes ordonnées des faits observés : Guide pour les notes.

. TECHNIQUE DE DIAGNOSTIC ANTÉRIEURE

Elle comprend l'étude des rapports, l'acquisition de la documentation et sa commande.

. DANS LES DOMAINES SOCIAL, ÉCONOMIQUE ET CULTUREL

Les diagnostics préliminaires nécessitent l'analyse de plusieurs questions reconnues comme déterminantes dans les domaines social, économique et culturel :

* Caractéristiques socio-économiques et culturelles des communautés
* Processus de migration et de métissage
* Relations entre les sexes dans les communautés (histoire et évolution)
* Relations de la communauté avec les ONG dans les zones (projets, caractéristiques)

Voici quelques sous-thèmes qui peuvent être inclus :

* Population totale de chaque communauté, ventilée par sexe
* Les hiérarchies de genre dans le monde rural
* Principales légendes et mythes dans les communautés sélectionnées
* Les services de base et le personnel qui y travaille (santé, éducation, etc.)

DANS LE DOMAINE DE L'ENVIRONNEMENT

Certaines des questions à considérer peuvent être :

- Caractéristiques naturelles des zones habitées par les communautés
- Cartes des zones d'étude
- Principaux éléments de la biodiversité des zones
- Gestion des ressources naturelles
- Principaux problèmes d'environnement et de conservation de la biodiversité

Voici quelques sous-thèmes qui peuvent être inclus :

- Altitude de chaque communauté (m.a.s.l.)
- Surface de chacun d'entre eux
- Caractéristiques climatiques
- Types de sols et utilisation des terres
- Bassin hydrographique auquel appartient chaque communauté
- Écosystèmes représentatifs
- Espèces représentatives de la flore et de la végétation
- Espèces représentatives de la faune
- Comment les villageois gèrent les ressources et l'environnement dans lequel ils vivent (méthodes, techniques, infrastructures, etc.).
- Les moyens d'utiliser les ressources pour assurer leur survie
- Principaux avantages et menaces pour la biodiversité dans les zones d'étude

DIALOGUES ET ENTRETIENS SEMI-STRUCTURÉS

Il s'agit de recueillir des informations générales ou particulières, sur la base d'une série de dialogues avec des personnes reconnues pour leurs connaissances spécifiques (informateurs clés), avec des groupes de familles ou avec des groupes ciblés (communautés autochtones, conseils communautaires, enseignants, etc.)

Contrairement aux entretiens, les dialogues ne font qu'établir des sujets et visent un échange d'informations et une conversation fluide entre les parties. Lors de l'entretien, outre les sujets, des questions spécifiques et un contre-interrogatoire sont établis.

Le fait que le dialogue ou l'entretien soit semi-structuré indique qu'il ne sera pas régi par un questionnaire fermé où les réponses doivent être précises et brèves, et qu'il tentera de s'adapter à ce que les personnes perçoivent et ressentent.

Les étapes pour appliquer un dialogue peuvent être les suivantes :

- Définir les critères de sélection des personnes ou des groupes avec lesquels le dialogue sera mené.
- Établissez un guide de 10 sujets au maximum, dans lequel vous essayez de résumer ce que vous voulez rechercher.
- Menez les dialogues.
- Analyser les résultats

- Comparaison avec les informations précédentes
- Conclusions et leurs champs d'application.

L'entretien, lui aussi, se déroule en plusieurs étapes :
- Sélection des groupes à interviewer (par communauté, ethnie, sexe, représentativité et/ou tranche d'âge).
- Élaboration de guides d'entretien, y compris les questions et les contre-interrogatoires.
- Application des entretiens
- Commande de réponses
- Analyse des similitudes, des apports, des coïncidences et des contradictions.
- Détermination des résultats et des conclusions

DES ATELIERS PARTICIPATIFS POUR ÉLABORER DES PLANS D'ACTION

Il s'agit de réunions de travail participatives, qui doivent être organisées avec un groupe de 15 personnes maximum, et qui peuvent être réalisées en trois versions : une pour les femmes, une autre pour les hommes, et une troisième version mixte pour les comparaisons, les bilans et les recommandations finales.
Les ateliers doivent toujours être réalisés sur la base de formats et dans une séquence ordonnée pour obtenir des résultats concrets. Les résultats doivent être compilés et ordonnés, afin d'établir des comparaisons, des conclusions et des recommandations,

Objectifs possibles des ateliers

- Réaliser un diagnostic des principaux problèmes environnementaux et de conservation de la biodiversité ressentis par la communauté, de leurs priorités et des solutions possibles.
- Détecter les principales idées et suggestions de la communauté (femmes et hommes, jeunes, adultes et aînés) comme alternatives pour atteindre le développement durable et améliorer les conditions environnementales et la conservation de la biodiversité.
- Déterminer les intérêts, les idées et les options de la communauté en ce qui concerne les plans d'action possibles.
- Identifier les différences entre les sexes dans les sujets travaillés, ainsi que les coïncidences trouvées, comme base pour les stratégies futures.

CARTOGRAPHIE PARTICIPATIVE

Une technique largement appliquée dans les processus d'éducation environnementale communautaire est celle qui se concentre sur l'élaboration participative de cartes. Cette technique permet de visualiser de nombreux éléments importants, et devient une référence pour l'analyse de diverses situations environnementales, ainsi que pour la proposition d'alternatives pour résoudre les problèmes.

Voici quelques exemples de cartes qui peuvent être réalisées ensemble :

CARTE DES FERMES : dessin des terres avec ce que chacune contient, cultures, bétail, bâtiments, arbres et arbustes, cours, animaux domestiques, en indiquant les distances entre elles et les personnes qui participent aux activités.
(hommes, femmes, garçons, filles, propriétaires, locataires, etc.) et les lieux qui présentent des situations conflictuelles.

CARTE DES RESSOURCES NATURELLES ET CULTURELLES DE LA RÉGION : Conception des différentes ressources naturelles et culturelles, leur localisation, leur état de conservation, les voies d'accès et les itinéraires, etc.

CARTE DU BASSIN HYDROGRAPHIQUE : Conception du bassin, sources d'eau, lieux de concentration urbaine ou rurale, communications, possibilités de pollution de l'eau, utilisations des sources d'eau, etc.

CARTE DES QUARTIERES URBAINES OU COMMUNAUTAIRES : Conception de la
rues principales, magasins, maisons, centres de loisirs, activités, problèmes environnementaux, sources d'énergie, centres d'élimination des déchets, etc.

. SIMULATIONS OU JEUX DE RÔLE

Cette technique est très utile pour analyser différentes situations environnementales et les rôles joués par les différents acteurs sociaux dans ces situations. Il est également possible d'analyser des solutions alternatives et de proposer des idées créatives pour aborder le problème de manière constructive.

La première étape consiste à définir le sujet ou le problème à traiter, ainsi que les personnages qui y agissent, en répartissant entre les participants chacun des rôles et en établissant un premier accord sur ce qui va être travaillé et les éléments à partir desquels partir pour son analyse.
Ensuite, le travail de simulation est lancé de manière ouverte, en lui donnant une limite de temps et en maintenant un rythme équilibré et dynamique des interventions.

Les avantages de cette technique sont, entre autres, qu'il est possible de

• Traiter les informations et les attentes personnelles et collectives concernant ce qui est partagé dans le groupe social sur le sujet (observation interne).
• Définir les relations et la communication entre les personnes et les institutions (ce qui est vu de l'extérieur).
• Analyser les relations que les participants entretiennent, leurs perceptions et leurs contradictions concernant le sujet.
• Travailler à un consensus final et à des propositions concrètes.

JEUX ENVIRONNEMENTAUX

De nombreux jeux à contenu environnemental peuvent être réalisés, ouverts à la créativité de chaque groupe social et de chaque tranche d'âge.

Parmi eux, on trouve tous les jeux dérivés de la vérification de nos sens. Par exemple :

VOIR LA NATURE, VOIR LA VILLE : Explorez attentivement le champ visuel, divisez-le en quatre parties de 90 degrés chacune, et détaillez tous les éléments naturels et sociaux qui s'y trouvent, en différenciant ce que nous voyons habituellement et ce qui passe inaperçu. Comparez avec ce que différentes personnes ont été capables de voir. Déterminez ce qui est agréable à l'œil, et crée un beau paysage, et ce qui le perturbe.

ÉCOUTE DE LA NATURE, ÉCOUTE DE LA VILLE : visite de différents lieux d'intérêt.
place et détaille les sons, en les différenciant comme agréables à l'oreille, dérangeants, etc.

Les autres jeux environnementaux sont ceux créés à partir de jeux de société déjà connus de la plupart des gens. Par exemple, des labyrinthes, des jeux de monopoly, des jeux de cartes, etc., dans lesquels les éléments traditionnels sont remplacés par des thèmes liés à la société et à la nature, à leurs interactions et aux problèmes et solutions qui en découlent.

EXCURSIONS (OU SORTIES)

Les sorties sur le terrain jouent un rôle très important dans l'éducation environnementale à tous les niveaux. Cette technique nécessite la réalisation de plusieurs étapes :

•	Choisir les zones géographiques urbaines ou rurales possibles, en raison de leur intérêt naturel, culturel ou social, ou de leurs problèmes environnementaux, et tracer l'itinéraire, les stations ou les points d'observation où le groupe s'arrêtera, les activités de socialisation qui y seront réalisées, les thèmes de réflexion et d'analyse, le temps effectif de chaque activité le long du parcours, depuis le départ du point de rencontre jusqu'au moment du retour au point d'origine.

•	Donner une information préalable au groupe de participants au processus éducatif, en fournissant des informations de base sur les caractéristiques des lieux à visiter, afin de
que chacun, de son côté, cherche à en savoir plus et arrive motivé pour faire la
sortie.

• Associer les participants à la phase préparatoire de l'excursion, de manière à ce que chacun ait un rôle précis à jouer, en ce qui concerne la partie opérationnelle : nourriture et boissons à emporter, vêtements appropriés, outils de travail (le cas échéant), etc. et la partie académique : des détails sur des aspects biologiques ou sociaux qui peuvent être étudiés en profondeur par certains assistants, etc.

• Suivez quelques lignes directrices de base :

	☐	contar con un guía que conozca la región, y con un equipo de trabajo que coopérer aux analyses et aux commentaires, en fournissant des explications si nécessaire ;

	☐	mantener orden y buena conducta en todos los recorridos;

☐ observar las normas ambienta(gestion adéquate des déchets, bruit, etc.) et le respect des lieux et des personnes ;

☐ motivar permanentemente a los participantes para que observen y anoten les détails les plus importants

☐ escuchar atentamente las preguntas e incentivar los discussions et échanges
d'informations de la part des participants

☐ analizar en detalle los casos críticos que se presente, promoviendo la recherche de solutions sur place

☐ estimular a los participantes para que pregunten a las personas del lugar los les détails que vous devez savoir

DES ÉLÉMENTS QUI NOUS AIDENT À CONNAÎTRE LA COMMUNAUTÉ

"Il est toujours opportun de rappeler que dans l'étude des communautés, nous ne pouvons pas nous limiter aux seuls facteurs structurels, physiologiques et démographiques, mais qu'il est nécessaire d'étudier les problèmes sociaux de la communauté, qui résultent souvent de conflits entre les attitudes, les valeurs, les personnalités, les institutions et les groupes économiques, raciaux, religieux, politiques et culturels".

Il ne faut pas le laisser de côté :

*   l'adaptation de l'enfant à la société ;

*   l'assimilation de l'immigré national ou étranger ;

*   la pénétration des valeurs sociales, morales et religieuses ;

*   les oscillations des événements économiques et politiques et leurs répercussions sociales ;

*   la formation de groupes, la ségrégation et la discrimination raciale.

*   l'émergence de petites communautés au sein de la communauté locale ;

*   les groupes marginalisés ;

*   des situations de grande pauvreté ;

*   la place des femmes ;

*   groupes à risque ;

*   les conflits existants ;

*   préjugés ; etc.

QU'EST-CE QUE NOUS ÉTUDIONS ?

Dans les projets destinés à l'éducation des adolescents, des jeunes et des adultes, il est nécessaire d'envisager l'enquête sur.. :

- ☐ Besoins et problèmes

- ☐ DDemandes, intérêts et attentes

Ressources disponibles

Concepto de comunidad

Bernard (1973)
Comunidad simbólica que incluye lazos emocionales comunes, compromiso, cohesión social y continuidad temporal.

Marchioni (1990)
Conjunto de personas que habitan el mismo territorio, con lazos e intereses comunes, compuesta por: territorio, población, demanda y recursos

Hillery (1995)
Localidad compartida donde existe interacción social, relaciones y lazos comunes.

Ezequiel Ander Egg (1980)
Unidad social, cuyos miembros participan de algún rasgo, interés, elemento común, con conciencia de pertenencia, situados en una determinada área geográfica en la cual la pluralidad de personas interactúan más intensamente entre sí que en otro contexto

CEC (2004)
Comunidad como grupo social. Cualidad de convivencia. Relaciones que se construyen en medio de procesos de participación, cooperación y proyecto.

Lorsque l'éducateur entre en contact avec les besoins des personnes dans la zone où le travail éducatif sera réalisé, les premières données recueillies feront référence à leurs besoins et à leurs problèmes. En observant ou en recevant des commentaires des personnes, en référence à la réalité dans laquelle elles vivent, ils essaieront de capter la dimension de ces situations en essayant de transcrire textuellement les idées principales, en tenant compte des techniques et des instruments d'évaluation diagnostique qu'ils décident d'utiliser (entretiens, enquêtes, journal de terrain, enregistrements anecdotiques, etc.) La tâche de décodage sera effectuée en temps voulu avec les élèves, une fois le groupe classe formé.

Si l'éducateur n'appartient pas à ce lieu et ne connaît pas les caractéristiques socioculturelles (entre autres, les codes restreints du langage), et ses dynamiques sociales, il est très possible que ces idées et expressions spontanées et personnelles ou collectives, ces personnes, se contaminent avec les préjugés, les interprétations ou les valorisations personnelles de l'éducateur, perdant ainsi la possibilité de réaliser un processus éducatif qui favorise la prise de conscience pour l'action transformatrice sur cette réalité ou situation que l'apprenant vit comme conflictuelle.

Le degré de résolution des problèmes dépend des caractéristiques du problème3 et des secteurs responsables ou engagés dans la tâche.

"Il est important de souligner que l'éducateur d'adultes a une mission fondamentalement formative avec une intervention sociale. Par conséquent, leur fonction face aux problèmes liés aux Besoins de base non satisfaits présentés par les apprenants est éminemment éducative.

Habituellement, l'éducateur, ému et soucieux de la solution des besoins vitaux de l'apprenant et de la communauté, assume le rôle de travailleur social et la responsabilité de répondre aux problèmes que le service éducatif ne peut pas résoudre parce qu'ils ne sont pas de son ressort.

"Il est très probable que l'éducateur perçoive des besoins que l'apprenant ne ressent pas comme tels. D'où l'importance de l'objectif de cette étape : la collecte de données qui seront enregistrées le plus fidèlement possible.

Rappelons que tant dans le processus d'alphabétisation (dans l'enregistrement de l'Univers Vocabulaire et dans l'application de la méthodologie d'alphabétisation) que dans la mise en œuvre des Unités Vitales d'Apprentissage, l'éducateur et le groupe développent le processus d'enseignement-apprentissage autour des besoins, des demandes, des problèmes et des intérêts. Il est donc important de garder à l'esprit les conceptualisations suivantes :

Besoin : est un manque ou un état causé par une privation. Elle est aussi appelée mot i- vo ou variable interne car c'est une cause qui se dirige vers une action dans le but de la satisfaire ou de l'éliminer.

Ce concept a différentes portées :

1. Besoin fondamental ou primaire : indispensable à la survie (par exemple, la nourriture). Également appelés besoins vitaux. Cette catégorie comprend les besoins de base non satisfaits (BBN).

2. Nécessité accessoire : non indispensable à la survie (par exemple, collectionner).

3. Besoin ressenti : c'est ce que le groupe ou l'individu perçoit, identifie ou reconnaît comme un manque.

4. Nécessité manifeste : elle est patente ; ostensible. C'est ce qui est exposé ; en vue.

5. Besoin potentiel : c'est celui qui est considéré comme possible.

6. Besoin latent : il est caché mais existe ; il n'est pas manifesté ou extériorisé.

Il est important de garder à l'esprit que la demande est l'expression, par le groupe ou l'individu, du besoin. Ce concept est associé à la demande, à la requête ou à la pétition.

Le problème représente une question, une circonstance ou un ensemble de faits qui entravent la réalisation d'un objectif ou d'un but qui peut être résolu. Elle admet une vérification avec un certain degré de probabilité, une vérification dans le présent et l'application de procédures connues pour sa résolution.

2- COMMENT FAIRE ?

Par le biais de :

- Une visite en approche.

- Consultations bibliographiques.

- Révision de la carte.

- Élaboration d'un plan d'observation systématique.

- Développement du travail coopératif.

- Recherche d'informateurs communautaires.

- Organisation d'événements en faveur de l'enregistrement.

- Récupération de cas de pratique et réflexion sur la pratique pour arriver à un "savoir faire avec connaissance et conscience".

Analysons brièvement chacune des situations ci-dessus :

UN PARCOURS DE RAPPROCHEMENT
Ce premier contact avec la communauté doit être aussi complet et inclusif que possible.
Le travail de terrain, les visites aux apprenants, la pose d'affiches dans les magasins pour faire connaître l'offre éducative proposée par le centre d'éducation des adultes ou l'école nous fournissent des informations intéressantes.
Mais nous devons travailler à étendre ces visites à d'autres zones du lieu pour pouvoir comparer et reconnaître le centre et la périphérie ; les usines, les institutions, etc.
Il est également possible de parler aux villageois et de recueillir ainsi des données plus précises. L'éducation des adultes se déroule dans le cadre des institutions, et dans cette approche, les objectifs, les histoires, les utilisateurs, les problèmes, les préoccupations, les aspirations, etc. doivent être internalisés.

LES CONSULTATIONS BIBLIOGRAPHIQUES.

Cette section est particulièrement intéressante pour nous repenser en tant qu'éducateurs dans une communauté donnée. Souvent, nous ignorons la quantité de sources bibliographiques qui parlent et ont été écrites sur les lieux où nous travaillons.

Même les carnets des apprenants déjà diplômés, les diagnostics antérieurs, les archives des événements de l'institution, nous donnent une idée de la manière dont l'éducation des adultes est comprise et de la valeur qui lui est attachée.

Nous pouvons vous conseiller :

- Sources historiques.

- Sources statistiques (municipales, provinciales, scolaires, etc.).

- Mémoires d'institutions.

- Archives institutionnelles ou archives des colons.

- Journaux locaux ou zonaux, journaux à grand tirage, etc.

- Photographies et albums familiaux et institutionnels.

- Enregistrements.

- Autres sources.

A ce stade, c'est important :

N'oubliez pas le but de ces consultations.
- Recherchez des sources fiables. Analysez-les de manière critique, en vous demandant, par exemple, s'il ne s'agit pas de données intentionnelles, dans le cas des statistiques.

- Mise en doute de la compétence des auteurs, etc.
- Travailler avec eux avant et pendant le processus de diagnostic. Comme nous le savons tous, l'étape du diagnostic implique un processus éducatif en soi.

REVISION DE LA CARTE

Les cartes nous donnent une idée de la relation des gens avec la nature et des défis qu'elle pose. Elle inscrit le service éducatif dans des cadres plus larges : la localité, la région, le pays, etc. Cela peut donner une idée de la façon dont les autres voient la région. Les plus importants sont :

- la carte politique ;

- la carte physique ;

- la carte ethnographique et,

- la carte des réseaux de communication.

L'ÉLABORATION D'UN PLAN SYSTÉMATIQUE D'OBSERVATION

Le champ à découvrir est complexe et les sujets qui y entrent pour l'observer sont traversés par une série de préjugés et d'idéologies. Mais l'observation doit être aussi complète et aussi proche de la réalité que possible. Pour cette raison, l'élaboration d'un plan est une aide et un impératif. Décider avec un membre expérimenté de ce qu'il faut observer, déterminer les instruments, les temps et le terrain, assure une meilleure maîtrise de ce moment.

Conserver par écrit les éléments observés et ne pas se fier à la mémoire des observateurs permet de tirer le meilleur parti des informations.

LE DÉVELOPPEMENT DU TRAVAIL COOPÉRATIF

Nous savons tous, par expérience personnelle, que le travail en groupe est productif, mais qu'il nécessite de la pratique et une série d'attitudes.

Nous savons aussi que tout ne peut pas être fait en groupe. Dans le cas du diagnostic, la formation d'une équipe de travail est le mécanisme optimal pour construire l'échafaudage d'une réelle participation.

Par conséquent, le travail en groupe doit être appris et l'éducation des adultes est le lieu idéal et approprié pour cela.

Dans un groupe, chaque individu apporte ses connaissances personnelles, ses compétences, ses motivations, ses échecs ou son imaginaire du travail collectif.

L'adulte vient en classe après une journée de travail et s'attend à trouver de la productivité dans le groupe ; il ne veut pas perdre de temps.

La formation à la tâche de groupe est coûteuse, c'est pourquoi l'éducateur doit prendre certaines précautions afin de ne pas décourager ses apprenants dans cette tâche difficile :

- Planifiez de manière réaliste, progressive et flexible.
- Les buts et les objectifs doivent être clairs et déterminés par le groupe.
- Le climat de la classe doit être vécu comme harmonieux ; les membres se mettront d'accord et trouveront un consensus sur une série de questions préalables, en essayant d'obtenir une vision commune par rapport à la tâche à entreprendre.

- Mettez en évidence les réalisations et les résultats d'une manière tangible et constructive.

RECHERCHE DE RÉFÉRENTS COMMUNAUTAIRES

Les référents communautaires doivent fournir des informations relatives à la culture et aux autres organismes éducatifs de la région.

En outre, nous devons partir du fait que dans toutes les communautés, il existe des antécédents d'éducation des adultes, qu'ils soient formels ou informels. Il convient de dissiper la présomption selon laquelle nous sommes les fondateurs de l'éducation des adultes dans ce lieu et de commencer à rechercher les "mémoires" qui nous fourniront des données utiles.

Vous pouvez visiter ou consulter les personnes mentionnées ci-dessous qui vous fourniront certainement des informations pertinentes :

- éducateurs et/ou éducateurs en alphabétisation ;
- du personnel et des techniciens expérimentés sur place, vivant sur place ou à l'extérieur ;
- des leaders et des chefs de quartier ;
- des représentants des églises, entre autres.

Les données seront collectées au moyen de :

- des entretiens ;

- questionnaires ;

- enquêtes.

L'information recueillie est décodée et mise en valeur par le biais de.. :

- tabulation des données ;

- la relation et l'analyse du contenu de l'information ;

- la problématisation.

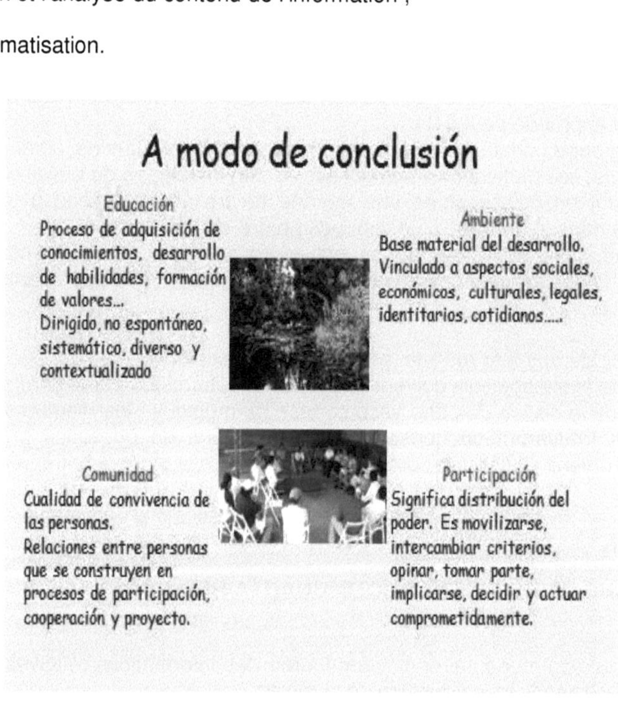

BIBLIOGRAPHIE

BRANDAO, Carlos. Pesquisa participante. Brésil, Ed. Brasilense.
DEMO, Pedro. La recherche participative. Mito y realidad. Bs. As., Kapelusz.
FERREIRA, Francisco de P. Teoría social de la Comunid ad. Espagne. Ed. Católica.
FERREYRA, Erasmo N. La Lenguajización para la Educación de Adultos . Bs. As., Genitrix. FILCAR. Guide des rues de Buenos Aires et de Conurbano Bonaerense. Bs. As., Ediciones Filcar. FREIRE, P. Sensibiliser le monde rural : vulgarisation ou communication. Bs. As. Siglo XXI. GAJARDO, Marcela. L'évolution. Situación actual y Perspectivas de las estrategias de investigación participativa en América Latina. Santiago du Chili, FLACSO.

INDEC. Recensement de la population de 1991. Bs. As., INDEC.

IOVANOVICH,M. L. Circulaire technique. Diagnostic. La Plata, DEA. et FP.
IOVANOVICH, M. L. yALURRALDE, E. M. El Diagnóstico Integrador Participativo - Proyectivo : Un salto a la Transformación de la Educación entre Adultos. Bs. As., Dunken.
IOVANOVICH, M. L. Projet juridictionnel du Programme fédéral d'alphabétisation, d'éducation de base et de travail pour adultes de la municipalité de la ville de Buenos Aires .

LE BOTERF, Guy. Enquête participative. Brasilia, Projet PNUD-UNESCO.

MOSER, Heinz. La recherche-action comme nouveau paradigme dans les sciences sociales.
NAZAR, Ángel. Acción cultural como estrategia de desarrollo. Bs. As., Plus Ultra.
OQUIST, Paul. La Epistemología de la investigación - acción. Quito, Nations Unies.
SALINAS, Willy B. La Encuesta - Participación. Lima, Asociación de Asistentes Sociales de Perú. SIREAU, Albert. Esbozo de una matriz de interrelaciones. Un instrumento de análisis interdisciplinario y de programación intersectorial. UNESCO - OREALC.
SPENCE DONALD,P. Vérité narrative et vérité historique : signification et interprétation en psycho-analyse. New York, Basic Book.

GLOSSAIRE :

Concepts de base

L'agriculture durable, un système de production agricole qui permet une production stable d'une manière économiquement viable et socialement acceptable, en harmonie avec l'environnement.

Zones protégées, parties spécifiques du territoire national déclarées conformément à la législation en vigueur, d'importance écologique, sociale et historico-culturelle pour la nation, et dans certains cas d'importance internationale, spécialement consacrées, par une gestion efficace, à la protection et au maintien de la diversité biologique et des ressources naturelles, historiques et culturelles associées, afin d'atteindre des objectifs de conservation spécifiques.
L'autorité compétente est celle qui est habilitée à appliquer et à faire respecter les dispositions de la présente loi et de sa législation complémentaire.
Le coût environnemental est le coût associé à la détérioration actuelle ou future des ressources naturelles.
Dommage environnemental, toute perte, diminution, détérioration ou atteinte significative, inférée à l'environnement à une ou plusieurs de ses composantes, qui est produite en violation d'une règle ou d'une disposition légale.
Développement durable, un processus d'amélioration durable et équitable de la qualité de vie des personnes, par lequel la croissance économique et l'amélioration sociale sont poursuivies, en combinaison harmonieuse avec la protection de l'environnement, de sorte que les besoins des générations actuelles soient satisfaits, sans compromettre la satisfaction des besoins des générations futures.
Déchets dangereux, ceux provenant de toute activité et dans tout état physique qui, en raison de l'ampleur ou de la modalité de leurs caractéristiques corrosives, toxiques, vénéneuses, explosives, inflammables, biologiquement nocives, infectieuses, irritantes ou toute autre caractéristique, représentent un danger pour la santé humaine et l'environnement.
Déchets radioactifs, ceux qui contiennent ou ne sont pas contaminés par des radionucléides qui se trouvent à des concentrations ou avec des activités supérieures aux niveaux établis par l'autorité compétente.
On entend par diversité biologique la variabilité des organismes vivants de toute origine, y compris, entre autres, les écosystèmes terrestres, marins et autres écosystèmes aquatiques et les complexes écologiques dont ils font partie. Elle comprend la diversité au sein des espèces, entre les espèces et des écosystèmes.
Écosystème, système complexe ayant une certaine extension territoriale, au sein duquel les êtres vivants interagissent entre eux et avec le milieu physique ou chimique.

L'éducation environnementale, un processus continu et permanent, qui constitue une dimension de l'éducation intégrale de tous les citoyens, orientée vers l'acquisition de connaissances, le développement d'habitudes, d'aptitudes, de capacités et d'attitudes et la formation de valeurs, pour harmoniser les relations entre les êtres humains et entre ceux-ci et le reste de la société et de la nature, pour favoriser l'orientation des processus économiques, sociaux et culturels vers le DD.
Stratégie nationale pour l'environnement, expression de la politique environnementale cubaine, dans laquelle sont énoncées ses principales projections et orientations.
Étude d'impact sur l'environnement, description détaillée des caractéristiques d'un projet de travail ou d'une activité à réaliser, y compris sa technologie, qui est soumise à l'approbation dans le cadre du processus d'évaluation de l'impact sur

l'environnement. Il doit fournir un contexte bien fondé pour la prévision, l'identification et l'interprétation de l'impact environnemental du projet et décrire les actions qui seront prises pour prévenir ou minimiser les effets négatifs, ainsi que le programme de surveillance qui sera adopté.

Évaluation de l'impact sur l'environnement, procédure qui vise à éviter ou à atténuer la génération d'effets environnementaux indésirables, qui seraient la conséquence de plans, de programmes et de projets de travaux ou d'activités, par l'estimation préalable des modifications de l'environnement que ces travaux ou activités entraîneraient et, le cas échéant, le refus de la licence nécessaire pour les réaliser ou sa concession sous certaines conditions. Il comprend des informations détaillées sur le système de surveillance et de contrôle permettant de garantir la conformité et les mesures d'atténuation à envisager.

La gestion environnementale, un ensemble d'activités, de mécanismes, d'actions et d'instruments visant à garantir l'administration et l'utilisation rationnelle des ressources naturelles par la conservation, l'amélioration, la réhabilitation et la surveillance de l'environnement et le contrôle de l'activité humaine dans ce domaine. La gestion environnementale applique la politique environnementale établie par une approche multidisciplinaire, en tenant compte du patrimoine culturel, de l'expérience nationale accumulée et de la participation des citoyens.

Inspection environnementale de l'État, activité de contrôle, d'inspection et de supervision du respect des dispositions légales et réglementaires en vigueur dans le domaine de la protection de l'environnement, en vue d'évaluer et de déterminer l'adoption des mesures pertinentes pour assurer ce respect.

Licence environnementale, document officiel qui, sans préjudice des autres licences, permis et autorisations qui, conformément à la législation en vigueur, doivent être accordés à d'autres organismes et agences de l'État, est accordé par le ministère des Sciences, de la Technologie et de l'Environnement afin d'exercer un contrôle approprié aux fins du respect des dispositions de la législation environnementale en vigueur et contient l'autorisation de réaliser un travail ou une activité.

Environnement, système d'éléments abiotiques, biotiques et socio-économiques avec lequel l'homme interagit, s'y adapte, le transforme et l'utilise pour satisfaire ses besoins.

Programme national d'environnement et de développement, une projection concrète de la politique environnementale de Cuba, qui contient des lignes directrices pour l'action des personnes impliquées dans la protection de l'environnement et pour la réalisation du DD. Il constitue l'adaptation nationale de l'Agenda 21.

Ressources marines, la zone côtière et sa zone de protection, les baies, les estuaires et les plages, la plate-forme insulaire, les fonds marins et les ressources naturelles vivantes et non vivantes contenues dans les eaux maritimes, les fonds marins et le sous-sol, et les zones émergées. Les ressources naturelles, toutes les composantes de l'environnement, renouvelables ou non, qui répondent aux besoins économiques, sociaux, spirituels, culturels et de défense nationale, garantissant l'équilibre des écosystèmes et la continuité de la vie sur terre.

Ressourcespaysagères,milieuxgéographiques,superficiels,souterrainsou subaquatiques, d'origine naturelle ou anthropique, qui présentent un intérêt esthétique ou constituent des environnements caractéristiques.

Système national d'aires protégées, ensemble d'aires protégées qui, de manière ordonnée, interagissent comme un système territorial et qui, par la protection et la gestion de leurs unités individuelles, contribuent à la réalisation de certains objectifs de protection de l'environnement.

Variable environnementale, un élément de l'environnement qui peut être mesuré ou évalué par différentes méthodes qualitatives ou quantitatives.

Index

I want morebooks!

Buy your books fast and straightforward online - at one of world's fastest growing online book stores! Environmentally sound due to Print-on-Demand technologies.

Buy your books online at
www.morebooks.shop

Achetez vos livres en ligne, vite et bien, sur l'une des librairies en ligne les plus performantes au monde!
En protégeant nos ressources et notre environnement grâce à l'impression à la demande.

La librairie en ligne pour acheter plus vite
www.morebooks.shop

KS OmniScriptum Publishing
Brivibas gatve 197
LV-1039 Riga, Latvia
Telefax: +371 686 204 55

info@omniscriptum.com
www.omniscriptum.com

Printed by Books on Demand GmbH, Norderstedt / Germany